물거미 연구

물거미 연구

초판 1쇄 | 2018년 4월20일

지은이 | 김주필 · 이형민
편　집 | 강완구
디자인 | 임나탈리야

펴낸이 | 강완구
펴낸곳 | 써네스트

출판등록 | 2005년 7월 13일 제2017-000293호
주　소 | 서울시 마포구 망원로 94, 2층
전　화 | 02-332-9384　　　**팩　스** | 0303-0006-9384
이메일 | sunestbooks@yahoo.co.kr
ISBN 979-11-86430-68-2 （93490）　　　값 10,000원

이 도서의 국립중앙도서관 출판예정도서목록(CIP)은 서지정보유통지원시스템 홈페이지(http://seoji.nl.go.kr)와 국가자료공동목록시스템(http://www.nl.go.kr/kolisnet)에서 이용하실 수 있습니다.(CIP제어번호: CIP2018009867)

물거미 연구

김주필 · 이형민 지음

싸이네스트

머리말

물거미는 세계적인 희귀종이다.

1955년 일본의 키시다(Kishida), 1957년 일본의 사이토(Saito)가 물거미 종이 한국에도 분포한다고 보고하였다. 하지만 정확한 기재 채집지 그리고 채집자를 언급하지 않았다. 1990년 일본의 카야시마(Kayashima) 교수를 초빙하여 약 2주간 물거미가 서식할만한 장소를 선별하여 채집 조사하였으나 모두 헛수고였다.

그러던 중 한국에서는 처음으로 1996년 임헌영에 의해 서식지가 처음으로 보고되었고, 이후 연구가 활발하게 진행되었다.

물거미가 가지고 있는 희귀성 및 생태학적 중요성을 근거로 1998년 문화재관리청에 물거미의 서식지와 함께 천연기념물로 지정해 줄 것에 대한 건의가 이루어졌고, 문화재관리청은 화답하여 1999년에 천연기념물 412호로 지정하여 보호하고 있다.

거미는 생물진화학적으로 원래 물속에서 서식하다가 육상 생활에 성공하였으나 유독 물거미만 육상 생활에 적응을 못하여 다시 물속으로 되돌아가 서식하게된 희귀종이다.

천연기념물 412호로 지정된 물거미와 서식지인 경기도 연천군 전곡읍 은대리 일대는 서식 환경 뿐만아니라 관리소홀로 인해 개체수가 날로 줄어들고 있다. 개체수가 늘어날 수 있도록 주변 환경과 물거미 자체에 대한 연구가 시급한 상황이다.

한국거미연구소에서는 대한민국 거미연구의 초석을 마련하고 거미들의 생태를 보존하고자 그 연구를 집대성하기 시작하였다. 2017년에 『주홍거미 연구』의 출간 이후 중요한 거미의 연구가 계속적으로 이루어지고 책으로 보존이 되기를 희망한다.

거미학을 사랑하는 후학도들의 길잡이가 되고자 한다.

2018년 봄

한국거미연구소에서

저자

차례

천연기념물 412호
물거미 연구

물거미는 전 세계에 오직 1종만이 존재하며, 한국, 일본, 중국, 유럽의 온대지방, 시베리아 및 중앙아시아 등지에 분포하고 있다. 몸의 크기는 일반적인 거미류가 암컷이 수컷에 비해 월등히 큰데 반해, 물거미는 수컷이 암컷보다 더 크다(7~15㎜ 정도). 몸에는 많은 털이 있는데 이 털은 은백색 공기방울을 만들어 물 속에서 숨을 쉴 수 있게 하며 방수 역할도 한다. 물 속에 있는 물풀이나 조그만 돌에 공기주머니(집)를 붙여놓고 그 속에서 생활하는 독특한 습성을 가지고 있다. 전 생애를 물속에서 보내며, 수명은 우리나라에 사는 거의 대부분의 거미류와 같이 1~2년이다.

물거미는 독특한 생활양식을 가지고 있어 학술적으로 그 가치가 매우 크다고 인정되고 있으며 경기도 연천군 은대리 물거미 서식지는 세계적 희귀종인 물거미의 국내 서식지로서 현재까지 유일한 곳이며 천연기념물로 지정하여 보호되고 있다.

최근 주변의 개발과 서식처 보존의 미숙 및 행정력 부족으로 서식지 파괴뿐만 아니라 개체 수까지 줄어들어 적색 목록에 등록되어있다.

Ⅰ. 서론

 ## 1. 연구의 필요성과 목적

물거미(Argyrineta aquatica)는 전 세계에서 잎거미과의 1속 1종인 희귀종으로 주로 구북구 온대지방(여름 평균기온 남한선은 25℃, 북한선은 15℃)의 유럽, 시베리아, 중앙 아시아, 중국, 한국, 일본 등지에 분포하고 있다. 저층 습원이나 연못 등에서 발견되며 국내에서는 경기도 연천군 전곡읍 은대리의 저층 습원이 유일한 서식지이며 위기(CR)단계로 평가되고 있다.

본 연구에서는 물거미의 개체수가 왜 감소하는지에 대하여 한국거미연구소의 기록과 문헌들을 통하여 알아보고자 하였으나 자세한 원인을 찾을 수 없었다. 다만 물거미의 정확한 서식지는 알아낼 수 있었다. 현재 국내에는 물거미에 대한 직접적인 보호 수단이 없는 실정이므로 경기도 연천군 전곡읍 은대리에 위치하는 물거미 서식지의 환경을 알아보고 이에 대한 적절한 보호수단을 찾아보고자 연구를 실행하기로 하였다.

또한 전 세계 1속 1종만 존재하는 물거미(Argyrineta aquatica)는 그 생태가 거의 연구되지 않은 채 사라지고 있는 실정이어서 그 서식과 생태적 특성을 밝혀 종 보존을 위한 기초자료를 제시하고자 한다.

본 연구의 목적은 다음과 같다.

첫째, 물거미의 생활사 및 그 특성을 밝힌다.

둘째, 물거미의 종 보존을 위한 생태 기초자료를 제시한다.

Ⅱ. 이론적 배경 및 선행 연구 고찰

1. 물거미의 분류학적 위치

한국산 거미목의 분류 체계(김주필 등, 2015)에는 물거미를 아래와 같이 분류하고 있다.

한국산 거미목(Araneae)의 분류체계	
• 동물계	• Animalia
• 절지동물문	• Arthropoda
• 거미강	• Arachnida
• 거미목	• Araneae
• 새실젖거미하목	• Araneomorphae
• 잎거미과	• Dictynidae
• 물거미속	• Argyroneta
• 물거미	• Argyroneta aquatica

표 II-1. 물거미의 분류체계

물거미의 분류학적 위치는 처음에는 세계적으로 1과 1속 1종으로 물거미과 물거미속에 속해있었으나 여러 학자들의 연구에 의해 가게거미과 물거미속, 그리고 다시 굴뚝거미과 물거미속으로 해오다가 2017년 Wheeler etal등이 거미류 전체의 분자 계통을 분석하여 cladistics 저널에 연구 발표하여 잎거미과 물거미속으로 변경되었습니다.

2. 물거미의 일반적인 특징

몸길이는 암컷 8~15mm, 수컷 9~12mm이다. 머리가슴은 길고 머리가 높다. 붉은 갈색으로 가운데홈은 잘 보이지 않으나 목홈과 거미줄홈은 뚜렷하다. 눈은 8개의 홑눈이 두 줄로 늘어서는데, 앞뒷눈줄 모두 뒤로 굽는다. 앞줄 가운데 눈이 가장 작고 뒷줄 눈은 같은 크기이며 두 눈줄의 옆 눈 사이는 떨어져 있다.

큰 턱에는 2개의 뒷 두덩니가 있다. 작은 턱은 짧고 안쪽 가장자리가 평행하다. 아랫입술은 길고 앞 끝이 잘린 모양이다. 가슴판은 심장모양이며 뒤끝이 넷째다리 밑마디 사이로 뻗어 있다. 다리는 길고 털이 많은데, 셋째와 넷째다리의 종아리마디와 발끝마디에 센털이 많다.

배는 잿빛을 띠고 특별한 무늬는 없으나 짧은 털이 빽빽이 나 있다. 기문이 밥통홈 가까이에 있다. 앞거미줄돌기는 원뿔형이며 서로 닿아 있고 뒷거미줄돌기는 원기둥모양으로 가늘고 길다.

호수나 오래된 못의 수초 사이에 종모양 집을 짓고 그 속에 공기를 채우고 산다. 공기는 다리나 배의 털 사이에 붙여서 운반한다. 배를 집 속에 넣고 머리가슴과 앞다리는 집 밖 물속에 내놓고 산다. 이 종은 땅위 생활을 하다가 2차적으로 물속 생활을 하게 된 것으로 알려져 있다.

대부분 물속에서 살지만 땅위에서도 자유롭게 행동할 수 있다. 물속에서는 거미줄 또는 수초를 따

물거미의 외형

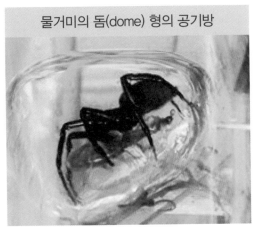

물거미의 돔(dome) 형의 공기방

라 이동하거나 헤엄쳐 다닌다. 수생곤충이나 선충류 따위를 잡아 공기집 속에서 먹는 버릇이 있다.

1년 내내 성체를 볼 수 있다. 동북아시아 · 북유럽 등 북위 35° 이북의 유럽과 아시아 온대지방에서 서식하며 남쪽 한계선은 여름 평균 25℃, 북쪽 한계선은 15℃이다.

■ 3. 거미의 기관

거미의 기관은 크게 눈, 더듬이다리(촉지, 수염기관), 위턱(협각), 독샘, 엄니, 흡위, 위심강, 중장/중장샘(중장선, 구체장), 책허파/기관, 책허파 숨문/기관 숨문, 말피 기관, 생식공(외부생식기), 실젖으로 나누어진다.

거미는 생물진화학적으로 원래 물속에서 서식하다가 육상 생활에 성공하였으나 유독 물거미만 육상 생활에 적응을 못하여 다시 물속으로 되돌아가 서식하게 되었다. 하지만 거미의 호흡기관은 변하지 않았다. 다른 거미들과 똑같이 책허파를 이용해서 호흡하기 때문에 몸에 공기방울을 복부에 붙여서 이동한다.

가. 배갑과 가슴판

두흉부의 등면을 덮고 있는 배갑은 단단한 키틴질로 되어있다. 배갑에는 몇 개의 주름이 있는데, 발생학적 측면에서 볼 때 이 주름은 거미의 두흉부가 여섯 개의 조각이 합쳐져 형성되었다는 증거가 된다. 가슴판은 두흉부의 배면에 있는 것으로, 발생학적으로 볼 때 네 개의 배판이 합쳐진 것으로 추정된다. 아주 어린 새끼거미의 가슴판을 보면 분할선이 그어져 있고 네 개의 배판으로 나눠 있기 때문이다. 가슴판 역시 모두 딱딱한 키틴질로 되어 있으며, 종에 따라 그 형태가 다르다.

늑대거미의 배갑

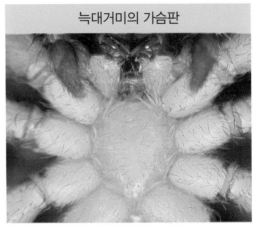

늑대거미의 가슴판

나. 눈

두흉부의 앞부분에는 여덟 개의 홑눈이 있다. 이 눈들이 어떻게 배열되어 있는지 거미를 분류하는 데 있어 매우 중요한 열쇠가 된다. 거미는 보통 여덟 개의 눈을 가지고 있지만 돼지거미류, 가죽거미류, 유령거미류는 눈이 퇴화되어 여섯 개의 눈을 가지고 있고, 꼬마거미류는 네 개이며, 심지어 눈이 두 개밖에 없는 카폰거미과(Caponiidae)도 있다. 거미는 시력이 별로 좋지 않아, 눈보다는 촉각에 의지하여 생활한다.

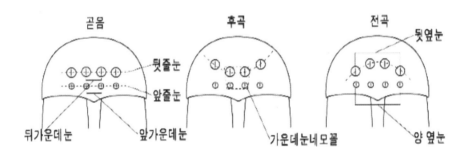

다. 위턱과 엄니

갓 태어난 어린 새끼거미의 위턱은 입 뒤쪽에 있지만, 성장 과정 중에 절지동물의 촉각과 같이 앞쪽으로 이동하게 된다. 원실젖거미류는 이마 정면에 위턱이 있고, 다른 종류의 거미들은 이마 아래편에 위턱이 있다. 거미의 위턱은 먹이동물을 굴복시키고 먹이를 도망치지 못하게 쥘 뿐만 아니라 방어용으로도 쓰는 등 그 역할이 매우 다양하여 '거미의 손'이라고 부르기도 한다. 이런 공통적인 쓰임새 외에 위턱의 보조적인 쓰임새는 종에 따라 차이가 있다. 예를 들면, 갈거미류는 암컷과 수컷이 교미 할 때 위턱으로 상대방을 꽉 붙잡고, 접시거미류의 일종은 소리를 내는 발음기관으로 사용하기도 한다.

위턱의 끝에 있는 엄니는 휴대용 칼처럼 접었다 폈다 할 수 있고 먹이를 잡는 데 유용하게 쓰이며, 독샘과 연결되어 먹이동물을 기절시킬 수 있는 독을 뿜는다. 그 다음 소화 분비 샘에서 분비액을 뿜어 먹이를 액체 상태로 만들고, 흡입위의 펌프 작용에 의해 먹이를 입 안으로 빨아들인다. 위턱은 엄니와 함께 단단한 이빨로 무장되어 있다. 이빨은 고정되어 있어서 엄니의 움직임을 뒷받침해주며 음식물을 잘게 부수는 역할도 한다. 이빨이 없는 거미는 먹이를 잘게 부수지 못해 구멍을 뚫고 진액을 빨아먹기만 한다. 이빨의 형태와 숫자도 거미 분류의 중요한 특징이 된다. 엄니로 먹이를 물어 잡는 방법은 두 가지다. 하나는 진화가 덜 된 원실젖거미류에서 흔히 볼 수 있는 방법으로, 위턱에 있는 엄니를 위아래로 움직여 먹이를 잡는다. 다른 방법은 진화된 고등거미류인 새실젖거미류에서 흔히 볼 수 있으며, 엄니를 좌우로 움직여 먹이를 잡는다.

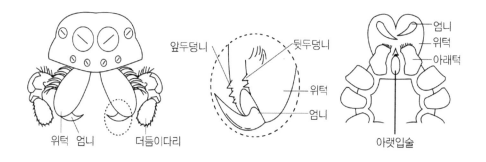

골리앗버드이터의 사냥모습

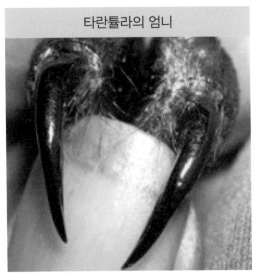

타란튤라의 엄니

라. 더듬이다리(촉지, 수염기관)

위턱을 첫 번째 부속기관으로 본다면, 더듬이다리는 두 번째 부속기관으로 볼 수 있다. 더듬이다리는 여섯 마디로 되어 있으며, 다리의 마디와 겉모양이 비슷하긴 하지만 발바닥마디가 없다. 더듬이다리는 이동할 때는 전혀 사용하지 않고, 먹이를 잡을 때 중요한 역할을 한다. 더듬이다리의 밑마디는 먹이를 씹는 부분인 아래턱으로 변형되었다. 타란튤라와 같이 진화가 덜 된 거미의 아래턱은 아주 약간 변형되어 있을 뿐이지만, 라비도그나타(Labidognata)와 같이 진화된 종은 아래턱의 테두리가 톱니처럼 발달되어 먹이를 자르는데 사용한다. 아래턱의 안쪽에는 털이 촘촘하게 덮여 있어 먹이의 즙액을 빨아먹을 때 필터로 작용한다. 수컷의 더듬이다리는 생식기관의 역할도 하는 것으로 '수염기관'이라고 부른다. 끝부분이 곤봉처럼 부풀어 있고, 내부에는 정액을 흡입하고 저장하고 주입하는 데 필요한 복잡한 구조의 기관이 들어 있다.

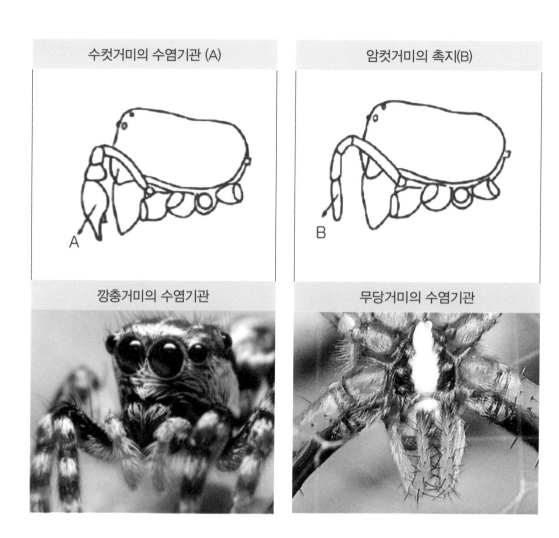

수컷거미의 수염기관 (A)	암컷거미의 촉지(B)
깡충거미의 수염기관	무당거미의 수염기관

마. 실젖

실샘에서 합성된 거미줄이 뽑아지는 기관이다. 대부분 6개의 실젖을 가지나 타란튤라의 경우 2개의 실젖을 갖고, 이외에도 4개, 7개, 8개를 가지는 등 다양하다.

거미의 실젓	호랑거미가 그물을 치는 모습
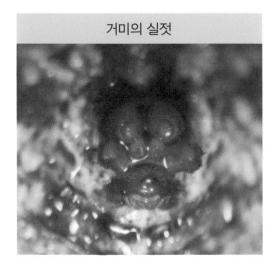	

바. 위심강

심장을 둘러싼 빈 공간이다.

사. 중장/중장샘(중장선, 구체장)

간과 이자의 역할을 동시에 하는 소화선으로 서로 연결되어 있다.

아. 책허파/기관

대부분의 거미들은 두 종류의 전혀 다른 호흡기관을 가지고 있다. 하나는 특정 위치에 있는 한 쌍의 책허파이고 다른 하나는 몸 전체에 분포되어 있는 한 쌍 또는 두 쌍의 기관이다.

원시적인 거미 (Mesothelaem, Orthognatha, Hyphochilidae)는 두 쌍의 책허파만 가지고 있다. 이것들은 복부의 둘째와 셋째 마디에 위치한다. 라비도그나타(Labidognata)거미들의 대부분은 오직 첫 번째 책허파 한 쌍만 유지하고 있고, 두 번째 것은 기관 (tubular trachea)으로 변형되었다. 책허파는 모든 거미들에게 있어서 구조적으로 매우 비슷한 형태로 되어 있으나, 기관은 상대적인 크기나 분포양식이 상당히 다르다.

자. 책허파 숨문/기관 숨문

각각 책허파/기관에 공기를 공급하는 통로를 가리킨다.

차. 말피 기관

물, 염분 등의 노폐물이 기관과 밑마디샘을 통해 배출된다.

카. 생식공(외부생식기)

생식 기관을 일컫는다.

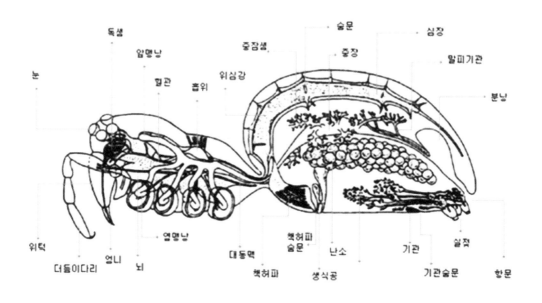

몸의 세부 명칭

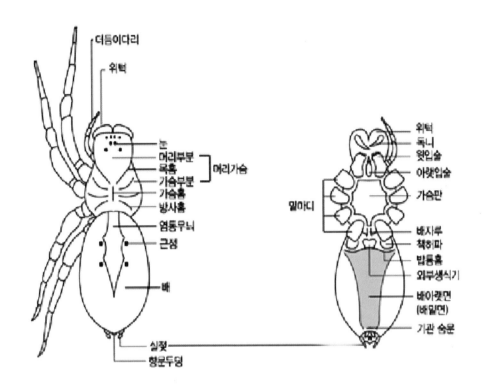

등면(dorsal view)　　　　배면(ventral view)

 ## 4. 잎거미과의 그물 및 거미 외형 조사

　　우리 주변에 있는 거미들 중에서 땅속에서 거주하기 때문에 발견하기 힘든 잎거미과의 거주지

형태와 개체의 외형 사진이다.

잎거미

갈대잎거미

흰잎거미

공산마른잎거미

아기잎거미

잎거미의 거미줄 구조

5. 선행연구 논문 조사

논문	내용 및 특징
韓國産 물거미(Argyroneta aquatica (CLERCK))의 記載	한국산 물거미의 외형관찰 및 서식지 관찰 등의 기본적인 연구
한국산 물거미(Argyroneta aquatica (Clerck, 1757))의 생태학적 고찰	당시 굴뚝거미에 속해있던 물거미의 생태학적 특징과 공기방을 만드는 과정 고찰 (현재는 굴뚝거미과에서 잎거미과로 변경되었음)
한국에서의 물거미(water spider)의 조사보고	한국에서 물거미를 발견하기 위한 조사보고
韓國産 물거미 Argyroneta aquatica (CLERCK, 1758)의 造巢過程의 生態學的 研究	물거미의 외형적 특징 및 물거미의 생활사에 관한 연구
물거미에 관한 생태학적 연구	물거미의 서식지 관찰 및 실험을 통한 연구
물거미 Argyroneta aquatica (CLERCK)의 조소과정 관찰	물거미의 계절별 조소과정에 관한 연구

韓國産 물거미 (Argyroneta aquatica (CLERCK))의 記載 (거미目 : 물거미科)[1]

南宮焌 · 金承奉 · 林憲英

(한국거미연구소 , 건국대학교, 퇴계원중학교)

On a water spider, Argyroneta aquatica (CLERCK, 1758) from Korea.

(Araneae : Argyronetidae)

NAMKUNG, JOON[1], KIM, SEUNG-TAE[2] AND LIM, HEON-YONG[3]

(Arachnological Institute of Korea[1], Kon-Kuk University[2], Toegewon middle school[3])

The authors would like to describe the water spider, Argyroneta aquatica (CLERCK, 1758), founded recently in Korea. Although water spider was distributed in Korea by remarking of Kishida, K. and S. Saito in their Encyclopedia of Japanese animals (1995), record of its collecting site, collector, collecting date and maintanance of specimen have not been clear. So the presence of water spider in Korea has been under questioning.

Recently (September, 1995), LIM, HEON-YONG happened to photograph the spider in water at swampy land near the D.M.Z. through investigation of aquatic plant, and this was the opportunity of certification of Argyroneta aquatica (CLERCK, 1758) from Korea.

After that, the authors explored that site four times and collected the specimen of Argyroneta aquatica, and now a portion of them are reared in aquarium.

The authors want to remark the results of the rearing another day, and in this paper, they would like to describe the morphological features, the environment of collecting site and collecting method briefly.

---

1 본 논문은 〈한국거미〉 12호에 실린 논문이다.

서 론

물거미는 전 세계에서 1과 1속 1종인 희귀종으로 주로 구북구 온대지방 (남한선은 여름 평균기온 25℃, 북한선은 15℃)의 유럽, 시베리아, 중앙아시아, 중국, 한국, 일본 등지에 분포하고 있다.

한국산 물거미는 과거 일본의 거미학자 KISHIDA, K와 S. SAITO가 일본동물도감 (1995, 北陸館)에 분포지로서의 기입이 있을 뿐, 채집지, 채집시기, 채집자 등에 대한 기록이 없어 그 존재여부가 의문시 되어 왔다. 근래에도 몇 차례의 조사를 실시해본 바 있으나 발견된 경우는 없다.

1995년 여름 저자중 임이 비무장지대 부근의 저층 습원에서 수초류를 조사중 우연히 수중에 서식하는 거미를 발견하고 사진촬영을 하였는데, 이것이 물거미 (Argyroneta aquatica)로 밝혀졌다. 그 후 저자 등은 3월 24일, 4월 19일, 4월 24일, 5월 2일의 4차례에 걸쳐 현지답사로 다수의 암수 성체를 채집하였고, 현재 수조내에서 사육을 하며 그 생태를 관찰, 조사하고 있는 바이다. 여기서는 우선, 그 형태적 기재와 채집, 관찰의 개요를 보고하고 생태적 관찰 결과는 후일 논급하고자 한다.

물거미는 조망, 섭식, 짝짓기, 산란, 발생, 성장의 전 생애를 물속에서 보내는 특수한 존재로서, 그 생태, 형태, 분포, 진화 과정 등의 중요한 연구자료가 되는 학문적 가치가 매우 크다. 그 서식지가 국한적이므로, 그 자연환경이 파손, 오염되지 않도록 보호되어야 할 것이다.

기 재

Argyroneta aquatica (CLERCK, 1758) 물거미

(Figs. 1 - 6)

Araneus aquaticus CLERCK, 1757 : 143

Aranea aquatica LINN, 1758 : 623

Aranea urinatoria PODA, 1761 : 123

Aranea amphibia M LLER, 1776 : 194

Argyroneta aquatica LATRILLE, 1806 : 94

Argyronete aquatique LATRILLE, 1817 : 84

Epeira(Rapsus) aquatica HORM, 1886 : 31

Argyroneta aquatica : SAVORY, T. H., 1935 : 52

Argyroneta aquatica : SAITO, S., 1941 : 52

Argyroneta aquatica : LOCKET et MILLIDGE, 1953(II) : 6

Argyroneta aquatica : BONNET, P., 1955 : 723-729

Argyroneta aquatica : KISHIDA et SAITO, 1955 : 988

Argyroneta aquatica : Paik et Kim, 1956 : 50

Argyroneta aquatica : SAITO, S., 1959 : 18-19, 3-6,

Argyroneta aquatica : YAGINUMA, T., 1960 : 79

Argyroneta aquatica : YAGINUMA, T., 1968 : 153

Argyroneta aquatica : PAIK, K. Y., 1978 : 302-303

Argyroneta aquatica : NISHIKAWA, Y., 1978 : 12-15

Argyroneta aquatica : ZHU, C. D., 1982 : 29

Argyroneta aquatica : HU, J. L., 1984 : 212

Argyroneta aquatica : ROBERTS, M. J., 1985 : 154

Argyroneta aquatica : SAUER et WUNDERLICH, 1985 : 100-101

Argyroneta aquatica : YAGINUMA, T., 1986 : 153

Argyroneta aquatica : SONG, D-X, 1987 : 197-198

Argyroneta aquatica : CHIKUNI, Y., 1989 : 97

Argyroneta aquatica : HEIMER et NENTIWIG, 1991 : 366

Argyroneta aquatica : ROBERTS, M. J., 1995 : 239

측정치(mm)

수컷(♂) : 몸 길이 9.29 : 배갑 길이 4.18, 폭 3.28 : 배 길이 5.12, 폭 3.89: 가슴판 길이 2.02, 폭 1.94 : 아랫입술 길이 0.76, 폭 0.72 : 아래턱 길이 0.94, 폭 0.65 : 위턱 길이 2.59, 폭 1.04 : 머리 폭 2.30 : 이마 높이 0.36 : 앞눈줄 0.94 : 뒷눈줄 1.05

다리	I	11.87 (3.38, 4.39*, 3.02, 1.08)	*무릎마디+종아리마디
	II	10.09 (3.10, 3.53*, 2.45, 1.01)	
	III	9.07 (2.30, 3.17*, 2.45, 1.15)	
	IV	12.18 (3.24, 4.04*, 3.53, 1.37)	
더듬이다리		4.65 (1.73, 1.45*, −, 1.44)	

배갑은 황갈색으로 길이가 폭보다 크며 배갑지수는 78, 머리지수는 69이다.

머리는 다소 융기하며 검은 정중선이 뒷가운데눈 사이에서 가슴 뒤끝까지 일직선으로 뻗고 있다. 또 두 뒷가운데눈에서 목홈 끝과 이어지는 마름모꼴 무늬가 있고, 두 뒤옆눈에서도 검은 빗줄 무늬가 있으며 이들 5개의 줄무늬에는 검은 센털이 줄지어 나 있다.

가운데홈은 분명치 않으나 목홈, 방사홈 등은 뚜렷하다. 8눈 2줄로 두 눈줄이 모두 약간 후곡하고, 앞눈줄이 뒷눈줄보다 약간 짧다(13:15).

앞가운데눈 사이가 앞줄 가운데와 뒷눈 사이보다 약간 좁고, 뒷눈들은 거의 같은 간격으로 떨어져 있고, 앞가운데눈이 최소하고 나머지는 모두 같은 크기이다 (13:15=15=15). 이마 높이는 긴 편으로 앞가운데눈 지름의 약 3배이다.

가슴판은 폭이 넓은 하트(心臟)형으로 뒤 끝이 길고 가늘며 넷째다리 밑마디 사이로 돌입한다. 갈색 바탕에 검은색 긴 털이 전면에 나 있다.

아랫입술은 긴 사다리꼴로 아래턱은 3/4에 달하며, 황갈색이나 앞끝은 배색이고 전면에 검은 털이 산재해 있다.

아래턱은 두터운 편이며 황갈색으로 검은 털다발과 불규칙한 검은색 털이 드문드문 나 있고 양 앞끝은 약간 접근해 있다 (폭의 1/2).

위턱은 적갈색으로 강대하며 옆혹이 있고, 앞두덩니 3개, 뒷두덩니 2개가 있다.

다리는 황갈색으로 4 · 1 · 2 · 3의 순으로 뒷다리가 길고, 다리지수는 100:93:76:103이다.

다리의 가시식은 다음과 같다.

		등 면	앞옆면	뒤옆면	밑 면
넓적다리마디	I	0-0-0	0-0-1	0-0-0	0
	II	0-0-1	0-0-1	0-0-0	0
	III	0-0-0	0-1-2	0-1-1-1	0
	IV	0-0-0	0-0-1	0-0-1	0
종아리마디	I	0-0-0	0-0-0	0-0-0	2-2-0
	II	0-0-1	1-1-0-1	0-0-0	1-1-0
	III	1-1-1-0	1-1-1-1	1-1-1-1	2-2-2
	IV	1-1-1-1	1-1-1	1-1-1-1	1-1-1-2
발바닥마디	I	0-0-0	0-0-0	1-0-0-0	1-0-1
	II	1-0-0	0-1-0	0-0-0-0	1-2-1
	III	0-1-1-0-1	0-1-1-1-1	0-1-1-1-1-1	2-2-0
	IV	1-1-1-1-1	2-2-1-1-1-1	1-1-1-1-1-1	2-2-1

더듬이다리는 황갈색으로 긴 털이 줄지어 나며, 종아리마디, 발바닥마디에 긴 센털이 드문드문 나 있고, 배엽의 앞쪽이 가늘고 길며, 종아리마디의 앞쪽에는 평평한 넓판돌기가 있고, 더듬이다리기관에는 매우 가는 삽입기가 반원형으로 돌고 있고, 생식구의 하부는 발톱모양으로 굽은 돌기가 있다.

복부는 회갈색 타원형으로 흑색 긴 털이 전면에 덮혀 있고, 등면에는 2쌍의 근점이 중앙부에 있고, 후단부에 4~5쌍의 팔자형 무늬가 희미하게 보이고 배면에도 회갈색 바탕에 흑색 긴 털이 나 있고, 중앙부에 2, 옆쪽에 3-2-1-1의 작은 반점이 볼일뿐, 별 특징은 없다. 앞실젖돌기는 큰 원통형이고 뒷실젖돌기는 앞보다 약간 작은 원뿔형이다.

암컷(우) : 몸길이 9.44: 배갑 길이 4.54, 폭 3.38: 배 길이 4.90, 폭 3.96: 가슴판길이 2.02, 폭 1.98: 아랫입술 길이 0.83, 폭 0.65: 아래턱 길이 0.97, 폭 0.72: 위턱 길이 1.98, 폭 0.94: 머리 폭 2.23: 이마 높이 0.32: 앞눈줄 0.94: 뒷눈줄 1.15

다리　Ⅰ　10.37 (2.98, 3.82*, 2.59, 1.01) * 무릎마디+종아리마디

　　　Ⅱ　9.70 (3.02, 3.47*, 2.38, 0.97)

　　　Ⅲ　9.51 (2.88, 3.10*, 2.41, 1.12)

　　　Ⅳ　12.03 (3.17, 4.10*, 3.31, 1.33)

더듬이다리　4.89 (1.94, 1.58*, －, 1.37)

대체적으로 수컷과 닮은 구조이며, 배갑지수는 74, 머리지수는 66이다.

다리차례는 4·1·2·3이며 다리지수는 100:93:91:115로 넷째다리가 길다.

외부생식기는 단순하며 두 개의 함입공(수정구)만이 뚜렷이 보이고, 기타부는 황백색 바탕에 흑색 털이 나 있을 뿐이다. 기관숨문은 위바깥홈 바로 뒤에 있다. 내부생식기도 비교적 단순하여

좌우에 수정관, 수란관 등이 뭉쳐 두 덩어리를 이루고 있다.

채집지 : 경기도 연천군 전곡면 은대리 저층 습원

조사표본   1) 2♀, 2 subad.♀ 24Ⅲ-96 임헌영, 남궁 준

                 2) 2♂, 2♀ 19-Ⅳ-96 임헌영, 남궁 준

                 3) 1♀, 2 subad.♀ 24Ⅳ-96 임헌영, 남궁 준

                 4) 1♀(파손) 19Ⅸ-95 임헌영

                 5) 2♂, 4♀ 2-Ⅴ-96 남궁 준, 김승태

참 고

종래 물거미의 월동장소와 생태에 대해서는 상세히 알려져 있지 않았으나, 금번의 채집장소는 자연소나 자연 연못이 아닌 맑은 물이 고여 있는 습원지대 도랑의 홈이 파인 곳이었으며 삽으로 파낸 흙속이나 후미진 곳을 체로 훑어 채집하였다. 따라서 월동은 도랑속 풀뿌리속 등에서 누에고치 모양의 월동소를 만들어 그속에서 동면, 월동하는 것으로 추측된다. 또 임이 서식밀도를 조사하기위해 길이 2m, 폭 35cm, 깊이 10cm의 물고랑을 정밀 조사해본 결과 수서생물 60마리 중 28마리가 물거미였고 이로 미루어 물거미는 어느 정도 군서하는 것으로 보이며, 김·남궁 등이 수조 속에서 사육·관찰한 바, 수중유영을 하며 포획한 먹이를 기포로 만든 집 근처로 물고와 거미줄에 매달아 놓고 분주히 수면으로 올라가 기포를 모아 집을 확장하여 그 속에 끌고 들어가 포식하였는데, 이때 부근에 있던 다른 물거미(♀)가 빈번히 기포를 날라다 주어 상호 협조하는 모습을 관찰한 바, 이는 암수가 공조·공존하는 사회성(?)이 있다는 것이 아닌가 생각된다.

REFERENCES

BRISTOWE, W. S., 1939. The comity of Spiders. Vol. 1. 228pp. Ray soc. London.

CHIKUi, Y., 1989. Pictorial Encyclopedia of Spiders in Japan. 310pp. Kaisei–shapubl. Co., Tokyo

DAHL, F., 1937. Spinnentiere Order Arachnoidea VIII. Argyronetidae. Die Tierwelt Deutsichilands, 33 : 115–118

HEIMER, R. S. et W. NENTWIG, 1991, Spinnen Mitteleuropas : Ein Bestimmungsbuch, Verlag Paul Parey. Berlin. 543pp

HU, J. L., 1984. The Chinese Spiders collected from the fields and the forests. 442pp. Tianjin Press of Science and Techniques.

Jones, D., 1983. A Guide to Spiders of Britain and Northern Europe. 320pp. Hamlyn Publ. Group.

KISHIDA, K. et S. Saito, 1955. III. Enc. Fauna Japan, pp977–1000

LOCKET, G. H. et A. F. MILLIDGE, 1953. British Spider II. 449pp Ray soc. London.

LOCKET, G. H. et A. F. MILLIDGE d P. MERRETT, 1974, British Spider III. 314pp. Ray soc. London.

MULLER, O. F., 1776. Zoologiae Danicae Prodromus. (Hatniae). pp.192–194

NISHIKAWA, Y., 1978. On underwater spider, Argyroneta aquatica(LATREILLER). The Nature and Animals, 1978. 8(5) : 12–15

PAIK, K. Y., 1978. Araneae : Illustr. Flora and Fauna of Korea. 21: 548pp

PAIK, K. Y. et K. C. KIM, 1956. A list of spider from Korea. Korean J. Biol., 1:45–70

PODA, N., 1761. Insecta Musei Graecensis (Graecii) (Araneae: pp.122–123)

ROBERTS, M. J., 1985. The Spiders of Great Britain and Ireland. vol. 1. 229pp. Harley Boos, Colchester, England.

ROBERTS, M. J., 1995. Spiders of Britain and Northern Europe, 338pp. Harper Collines publ. 383pp

SAITO, S., 1941. Fauna Nipponica. vol.9. 2(2) :220pp. Sansodo, Tokyo

SAITO, S., 1959. The Spider book illustrated in Colours. 194pp. Hakuryukan, Tokyo.

SAUER, F. et WUNDERLICH, 1985. Die Sch nsten Spinnen Europas. 53. Fauna-Verlag. Karlsfeld. 184pp

SAVORY, T. H., 1935. The Spiders and Allied Orders of the British Islea. 224pp. Frederick Warne & Co., Ltd. London.

SHINKAI, E. d S. TAKANO, 1984. A field guide to the spiders of Japan. 203pp. Toaki Univ. press. Tokyo

SONG, D.X., 1987. Spiders from agricultural regions of China (Arachnida : Araneae). 303pp. Agri. publ. House. Beijin.

YAGINUMA, T., 1960. Spiders of Japan in Colour, 186pp. Hoikusha publ. Co., Osaka.

YAGINUMA, T., 1969. Sotry of spiders. 212pp. Hokuryukan, Tokyo.

YAGINUMA, T., 1986. Spiders of Japan in Color(new ed.). 305pp. Hoikusha publ. Co., Osaka

ZHU, C. D., 1982. Water spider of China(Araneae: Argyronetidae). J. Bethune Med. Univ. 1982. 8(1): 29-30

EXPLANATION OF FIGURES

Figs. 1–6 Argyroneta aquatica (CLERCK, 1758)

    1. Male, Body, dorsal view

    2. Female, Epigynum ventral view

    3. Ditto, Genitalia, dorsal view

    4. Male Palp, Left, inner view

    5. Ditto, Left, ventral view

    6. Ditto, Left, ectal view

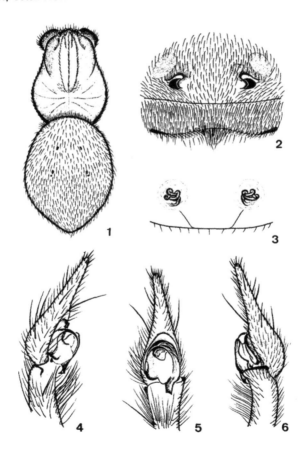

한국산 물거미 (Argyroneta aquatica (Clerck, 1757))의 생태학적 고찰[1]

김주필, 임동현

(서울시 중구 필동 동국대학교 바이오시스템 대학 바이오환경과학과, 서울시 금천구 문일고등학교)

적 요

물거미는 굴뚝거미과(Cybaeidae)에 속하는 희귀거미종이다. 경기도 연천군 은대리 864번지 일대의 물거미 서식지는 천연기념물 제 412호 (1999. 9. 18)로 지정되었다. 일본의 거미학자 K.Kishida와 S.Saito가 일본 동물도감(1927)에 한국산 물거미가 분포지로서 한국이 기재 되어있을 뿐 표본이나 기록이 없어 그 존재 여부가 의문시 되어왔다. 물거미는 전 세계에 오직 1종만이 존재하며 한국, 일본, 중국, 유럽 구북계, 중앙아시아, 시베리아 등지에 분포한다. 물속에서 특이한 돔형의 공기방을 만들어 서식하고 있는 생태학적 특성과 공기방을 만드는 과정을 심도 있게 고찰하였다.

서 론

한국산 물거미는 1927년 일본의 거미학자 K. Kishida와 S. Saito가 일본 동물도감에 분포지로서 한국이 기재되었을 뿐, 기록이 없어 그 존재 여부가 의문시 되어 온 희귀거미종이었다. 그리하여 Kim (1998)은 물거미연구의 세계적인 거장 일본의 Kayashima 교수를 초빙하여 20일간 공동으로 전국 중요 지역의 호수를 답사 조사 연구하였으나 실패하였다. 그 후 1996년 林에 의해 발견되어, Kim은 1998년에 문재재청에 발견지인 경기도 연천군 전곡읍 은대리 864번지일대 50,508m² 를 천연기념물 보호지역으로 지정하여 줄 것을 건의하여 1999년도에 지정되어 현재에 이르게 되었다. 물거미는 전 세계에 오직 1종만이 존재하며 한국, 일본, 중국, 유럽의 온대지방, 몽골, 시베리아 및 중앙아시아 등지에 분포한다. 일반적인 거미류의 체장이 암컷이 수컷보다 월등히 크지만

---

1 본 논문은 〈한국거미〉 12호에 실린 논문이다. 검색어 :거미목, 굴꾹거미과, 물거미, 돔형공기방

물거미의 체장은 이와 반대로 수컷이 9~15mm정도이고 암컷은 7~10mm정도이다. 출현기는 연중이다.

조사지역 및 채집방법

조사지역은 경기도 연천군 전곡읍 은대리 864번지일대 50508m² 지역이며 1999년 9월18일에 천연기념물 제412호로 지정된 지역이다. 중심부에 소형 연못이 하나 자리 잡고 있고 그 주변은 군부대 탱크 훈련장으로 탱크 훈련 중 형성된 깊이 30cm 내외의 웅덩이가 많다. 마디풀, 통발, 부들, 줄, 갈대, 기장대풀, 가래, 쇠뜨기, 벗풀 등 수생식물들이 무성한 숲을 이루고 물은 pH 5.90~6.20의 산성이다. 이곳에서 30마리의 물거미를 채집하여 환경조건을 비슷하게 만든 수조 (90cm×50cm×40cm) 에서 사육하면서 6개월간 관찰 조사하였다.

물거미의 형태 및 생태적 특성

전생애를 물속에서 서식하며 수명은 3~5년 정도이며 배갑은 황갈색이거나 적갈색으로 두부가 다소 융기되어있으며 정중선과 그 양측에 검은 강모가 줄지어 돋아나있다. 다리는 황갈색으로 많은 털이 빽빽이 밀생되어있고 뒷다리의 종아리마디와 발바닥마디에는 가시털이 많이 나 있다. 복부는 황갈색으로 전면에 검은 털이 무수히 나있다. 습원, 물속 수초사이에 돔형의 공기방의 집을 짓고, 그 속에 공기를 채우고 살면서 산란, 식사, 탈피 등의 생활을 그 속에서 한다. 알집은 방석모양으로 물속 수초 윗부분에 산란해 놓는다. 물거미가 살고 있는 서식지 환경은 깊이가 얇고 유속이 거의 없는 늪지대이다. 물속 환경은 중심부에 소형연못이 있고 그 주변에 탱크바퀴에 의해 형성된 집이 30cm 내외의 웅덩이가 산재한곳에서 주로 살고 있으며 물속에는 각 수초가 살며 특히 원생동물을 비록하여 물벼룩, 잎새우, 실잠자리유충, 장구벌레, 심지어 송사리까지 포획하며 먹이를 삼고 있다. 북반구 온대지방의 서식온도는 남한선 여름 평균 25도, 북한선 15도 내외의 늪지대

조건이며 수질은 pH가 5.90~6.20으로 산성을 띠고 있다.

돔형인 공기방의 집을 만드는 과정

1. 수초나 수생식물을 이용하여 얼기설기 거미그물을 만든다.

2. 물거미 자신의 몸에서 공기방의 일부를 떼내어 거미그물에 부착시키다(일종의 정거장으로 활용).

3. 큰 돔형 공기방의 집을 만들기 위해 수면 위로 올라온다.

4. 수면 가까이에 올라온 물거미는 앞다리로 수면을 확인한 후 미부를 수면 쪽으로 올려 1~2초 정도 수면 위로 내 놓는다.

5. 물속으로 다시 입수를 할 때는 큰 돔형의 공기방을 뒷다리를 이용하여 매달고 간다. 넷째다리는 털이 많으며 복부의 미부에서 다리를 교차시켜 교차된 다리는 다시 수면위로 나와 있게 된다.

6. 물속으로 들어가면서 순간적으로 복부에 큰 돔형인 공기방의 집이 만들어진다. 물속으로 입수할 때 복부의 폐서에서 공기를 흡수하였다가 물속으로 들어가면서 공기를 내뿜는 것 같다.

7. 몸에 붙은 돔형의 공기방을 표면장력을 이용하여 거미그물에 붙어있는 공기방과 합쳐 크게 만든다.

8. 공기방의 집이 어느 정도 커지면 공기방 속으로 들어가 실젓에서 거미줄을 뽑아내어 거미그물을 겹겹이 쳐서 견고히 만든다.

9. 돔형인 공기방의 집을 더 크게 만들기 위해서 3~7의 과정을 연속적으로 되풀이한다.

10. 돔형인 공기방의 집크기는 가로 2.7cm×세로 1.4cm 정도이며 방석모양 (타원형, 구형, 종형, 사각형 등 다양함)이다.

11. 물거미가 수면으로 왕복하는 시간은 짧은 경우에는 30초~2분이며 길 때에는 1주일 동안에

내부를 보강하면서 약 50분 동안에 4회 (12.5min/1회당) 정도이다.

12. 물거미 몸에 무수히 나있는 털을 이용하여 공기 방이 형성되도록 몸에서 분비되는 체액을 이용하여 다리를 비비고 몸에 발라서 복부에 돔형인 공기방의 집을 만든다.

돔형인 공기방의 역할

물속의 돔형인 공기방의 집은 물거미가 호흡, 서식, 산란, 탈피, 휴식 및 부화 장소로 이용하는 주거지역이다. 돔형인 공기방의 집은 물속에서 자신의 몸을 보호하고 쉬는 안식처가 된다. 물속에서 폐서로 유기호흡을 위한 산소를 저장시켜 주는 공기탱크 역할을 한다. 포획한 먹이는 반드시 돔형인 공기방의 집이 파손 시에는 즉시 공기주머니를 만들어 그 속에서 먹고 생활하며 때로는 미처 돔형인 공기방의 집을 만들지 못한 경우에는 수면위의 수초에서 일시적으로 생활하기도 한다. 탈피 껍질을 돔형인 공기방의 집 천정에 붙여놓았다가 1주일 후에 수면 밖으로 버린다. 추운 겨울철에 물이 얼 경우에는 공기가 있고 얼지 않는 빈 공간으로 이동하여 생존한다. 짝짓기도 돔형인 공기방인 집에서 이루어진다.

결 론

1. 물거미는 원래 물속생활을 하다 다른 거미들과 마찬가지로 육상생활을 하였으나 적응을 못하고 다시 물곳 생활을 하면서 놀라울 정도로 적응력 발휘한 진화상의 큰 의미가 있다.

2. 일본, 미국 같은 곳의 물거미는 큰 호수에 주로 서식하고 있지만 한국산 물거미는 수심이 10~30cm 깊이에서 서식하여 천적도 적고 pH가 5.90~6.20 정도의 약한 산성의 수중에서 살며 기장대풀이 우점 종인 수생식물의 물속 뿌리와 잎은 돔형인 공기방을 쉽게 만들 수 있었다.

3. 몸에는 많은 털들이 밀생하여 수중에서 쉽게 복부를 감싸는 공기막이 형성되어 돔형인 공기

방을 만들었다.

4. 알집은 타원형, 구형, 종형, 사각형 등의 방석모양으로 되어있으며 수면 근처의 수초에 부착
   시켜 놓는다.

참 고 문 헌

김주필, 유정선, 김병우, 원색한국거미도감. 299~300쪽

임현영, (2008). 중등과학교육, 제18호. 239~251쪽.

김주필, 이동좌. (2004). 물거미에 관한 생태학적 연구 (거미목: 굴뚝거미과), 한국거미, 제 20권
제2호, 한국거미연구소. pp117~130

문화재청. (2007). 연천 은대리 물거미 서식지 보호방안 연구보고서

유영한, 이훈복. (2008). 물거미가 서식하는 천연기념물 습지의 식생학적 특성과 보존 및 태관
광화 방안. pp997~1067.

국립문화재연구소. (2009). 수달 생태 · 인공증식 연구 및 지정지역 모니터링 : 북한강 수계('09
1차년도) 및 천연기념물 제 412호 연천 은대리 물거미 서식지를 중심으로.

임문순. (2008). 물거미 생태 이야기, 뿌리 통권29호 (2008년 봄). pp275~276

김병우, 김주필. (201). 한국산 거미목 목록. 제 26권 제 2호. 한국거미연구소.

韓國에서의 물거미 (water spider)의 調査報告[1]

萱嶋泉 · 金胄弼 · 南宮焌

Report on the investigation of water spider, Argyroneta aquatica (CLERCK) in Korea

KAYASHIMA, IZUMI, JOO PIL KIM, and JOON NAMKUNG

韓國에서의 물거미 [Argyroneta aquatica (CLERCK)]에 대한 現在까지의 正確한 採集記錄은 없다. 단지 KISHIDA (1995)와 SAITO (1957)는 이 種이 韓國에도 분포한다고 報告하면서 정확한 記載, 採集地, 그리고 採集者를 언급하지 않았다. 그러나 地理的으로 볼 때 韓國은 棲息可能한 位置에 있다. 따라서, 이번에 韓國거미研究所는 本格的인 調査 實施를 해 보기로 하였다. 이번 調査를 위하여 金胄弼은 調査計劃 및 實施에 필요한 裝備등의 調達을, 南宮焌이 調査地의 沼 選定을, 그리고 萱嶋泉(日本昆蟲學會名譽會員)가 물거미의 採集指導를 擔當하였다.

調査實施要領

沼의 選定

예부터 存在하는 自然沼(人工沼가 아닌 곳)로 沼水가 지금가지 마른 적이 없는 곳을 택하였고, 또한 沼에는 水藻가 번식하고 水棲昆蟲等이 많이 棲息하고 있는 곳에 留意하여 探聞한 바 慶尙南道減安郡法守面一帶에 이들 條件에 맞는 自然沼 6個所를 選定하게 되었다.

採集用具

沼에 띄워놓고 들어가서 水藻類를 採集할 고무보트 1雙, 水藻를 끌어 올릴 갈퀴 5개, 거미를 채집하여 넣을 用器 20개, 潛水服 3벌, 장갑 10여족 등

調査期間

第1地帯：1989年 10月 18日 午前 9時 30分～12時

第2地帯：1989年 10月 18日 午後 1時～4時30分

第3地帯：1989年 10月 19日 午前 9時～10時

第4地帯：1989年 10月 19日 午前 10時 30分～12時30分

第5地帯：1989年 10月 19日 午後 1時 30分～4時30分

第6地帯：1989年 10月 20日 午前 9時 30分～10時30分(觀察쁜)

韓國産 물거미 Argyroneta aquatica (CLERCK, 1758)의 造巢過程의 生態學的 研究[1]

金胄弼 · 金相德

(東國大學校, 韓國거미研究所)

The Ecological Process of Nest Building by Water Spider, Argyroneta aquatica (CLERCK, 1758)

KIM Joo-PIL and KIM SANG-DUCK

(Dongguk University, The Arachnological Institute of Korea)

ABSTRACT

The water spider is the rare species, which spends all its life in water. The process of its nest building has already been reported by KAYASHIMA(1991), but other characters of the water spider have not been reported yet. So, the author would like to describe the characters, comparing Korea's water spider with Japan's. There are many differences as well as similatities between the two Japan's water spiders and Korea's. In the seasonal nest building, above all, Korea's made their nests in several positions in the water tank, upper, middle and lower, though Japan's upper summer and lower for winter.

On the 11th day, water spiders finished building their nests, air chambers, in the lower and middle parts of water grass, and on the surface of water. The diameter of the air chambers in the lower and upper parts of the water grass is about 2cm. And about 1.5 cm is in the middle. It is thought that one is for usual living and the others for emergency.

---

[1] 본 논문은 〈한국거미〉 12호에 실린 논문으로 요약부분만 인용한 것이다.

물거미에 관한 생태학적 연구 (거미목; 굴뚝거미과)[1]

Ecological Study to Water Spider (Araneae; Cybaeidae)

김주필, 이동좌
(한국거미연구소)

1. 조사의 필요성 및 목적

세계적 희귀종인 물거미 (Araneus aquaticus Clerck, 1757)는 평생을 물속에서 생활하는 특이한 생활 방식과 다양한 특성들 때문에 분류 체계에서 많은 논란의 대상이 된 종이다. 또한 형태적인 면에서 분류는 있었지만 생태적인 분류 및 연구는 미비한 실정이며 이에 대한 연구와 활용은 매우 중요하다. 자연 자원이 보다 광범위한 개념으로 그 영역을 넓혀가고 있는 세계적인 추세에서 희귀한 생물종의 보존과 이를 지지해주는 생태계의 보전방안 강구는 국가적 차원에서 적극적으로 수행되어져야 한다. 따라서 이를 위해서 보다 체계적이고 면밀한 조사가 필요하며 물거미의 특성 및 생태학적인 연구와 직간접적인 상호관계를 갖는 생물적 요소의 구성 및 기능의 파악이 시급한 사항이다.

2. 재료 및 방법

2.1. 조사방법

가. Sweeping

Sweeping Net (지름 38cm, 길이 50cm)를 사용하여 120도 각도로 좌우 (3m이내)를 번갈아 가면서 표본추출을 한다.

나. 육안관측법

물거미는 방형구 내의 기포 수, 개체 수, 그리고 수심별로 구분하여 조사한다. 기

---

1 본 논문은 〈한국거미〉 20호에 실린 논문으로 요약부분만 인용한 것이다.

타 거미류는 서식처의 환경 조건 (무가 주변, 수면 위, 수풀 위, 지표면)에 따라 관측한다. 또한 수심환경은 원형 아크릴 통 (지름 7.3cm, 길이 70cm)을 통해 방형구별로 조사한다.

Process of Nest Building by Water Spider Argyroneta aquatica (CLERCK) (Araneae : Argyronetidae)[1]

IZUMI KAYASHIMA

(15-9 Tamadaira 7 Chome, Hino-Shi, tokyo 191)

물거미 Argyroneta aquatica (CLERCK)의 造巢過程 觀察

萱 嶋 泉

(東京都 日野市 多摩平 7-15-9)

摘　要

著者는 물거미 (Argyroneta aquatica)가 水中의 藻類를 곳곳에서 採取해 가지고 이를 材料로 하여 그 住居巢를 構築하는 珍奇한 行動을 觀察하였다.

그 住居巢는 夏期에는 돔形(dome)의 氣孔部를 水面上에 두둥실하게 띄우고 있으나 冬期에는 塊狀의 越冬巢를 水中部에 構築하고 있었다.

BRISTOWE(1939, '41, '58)등도 夏期의 造巢過程을 觀察報告한 바 있지만 越冬巢의 構造過程에 대한 觀察報告는 이것이 最初이다.

ABSTRACT

This paper records the observation of the behavior, which had been unknown, of water spider that it gathers algae in the water and builds its nest, using them as material and the observation of all processes of the nest building. the observation revealed that this species of spider would build

---

[1] 본 논문은 〈한국거미〉 7호에 실린 논문으로 요약부분만 인용한 것이다.

two kinds of nest, one for summer and the other for winter; it would build a dome-shaped nest on the water surface in summer and a nest shaping like a mass of something at the bottom of the water tank in winter.

Ⅲ. 본론

 ## 1. 연구지역 선정

가. 장소 선정 배경 및 과정

물거미의 서식지가 우리나라에 유일하게 한곳이며 경기도 연천군 전곡읍 은대리에 물거미 서식지가 있는 것을 알게 되었다. 주민들에게 물거미의 사진을 보여주면서 본 적이 있는지 질문도 해보았다.

50 년동안 발견이 없다가 약 15년에 물거미의 서식지를 발견했다는 자료도 찾을 수 있었다.

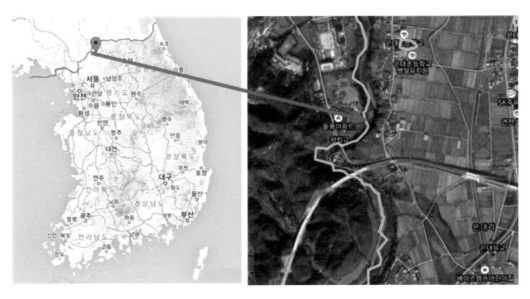

물거미 서식지 위치

우리나라에 서식하는 물거미의 서식지가 다른 곳은 없는지 알아보기 위해 인터넷을 활용하였는데 뚜렷하게 알려주는 사람이 없었다. 결국 2시간 정도 걸리는 연천군 은대리에 물거미 서식지에서 채집 하기로 하였다.

가뭄 때문에 물이 말라서 물이 마른 곳에서 물이 있는 곳으로 물거미의 거주지 이동을 고려하여 채집 하였다.

2. 물거미의 거주지 위치 추적 및 채집 방법

가. 물거미 추적 및 채집 방법

1) 물거미 추적

물거미가 주로 좋아하는 얕은 수초를 위주로 찾았고 가뭄 때문에 물이 말라서 물이 마른 곳에서 물이 있는 곳으로 물거미의 거주지 이동을 고려하여 채집 하였다. 채집 장소를 중심으로 살펴보면 물거미의 서식 장소가 B지역에서 A지역으로 이동되었음을 추정할 수 있다.

현재 B지역은 물이 전부 말라서 물거미가 서식할 수 없는 환경이었다.

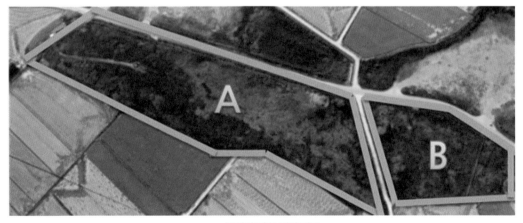

물거미 이동 예상 경로

2) 물거미 채집

얕은 수초에 사는 습성을 이용해서 채반으로 수초랑 동시에 퍼서 거미만 잡는 방식을 이용하여 채집하였다.

채반을 이용한 채집   채집된 채반 확인 작업

3. 물거미의 사육 방법

채집한 물거미는 은대리 물거미 서식지에서 퍼온 물과 식수를 50 대 50으로 섞어서 생활특성과 식생을 고려하여 ps캐이지와 관병에 수초와 인조수초를 사용하여 환경을 조성한 다음 사육하였다.

유체 거주지

거주지로 들어감

물거미 사육환경

먹이는 처음에는 채집망으로 저수지 언덕에서 채집하여 직접 공급해주었지만, 실지렁이와 장구벌레를 공급하여 주었다.

우리나라에서 시행된 다른 연구에서는 물거미 사육장에 수중 산소 호흡기를 설치를 하였다. 하지만 이번 채집지에서 물거미가 서식하는 서식지에서는 거의 물살이 일어나지 않았다. 이점을 미루어보아 물거미가 서식하는 환경은 물살이 일어나는 환경 보다는 물살이 없는 환경이 좋다고 판단하고 산소 호흡기를 사용하지 않았다. 다른 이유로는 물거미가 물살이 일어나는 환경에서는 공기방을 더욱 천천히 짓는다.

물거미는 공기방울을 이용하여 숨을 쉬기 때문에 수중에 존재하는 산소 농도는 별로 상관이 없다(물거미의 공기방울과 공기집은 전부 수중 밖에서 공급 받는다).

물살이 없는 물거미 서식지

수면에서 공기방울을 만드는 물거미

공기방울을 공기방으로 이동시키는 물거미

공기방에 공기방울을 놔두고 나오는 물거미

4. 물거미의 외형적 특징에 대한 연구

몸길이는 암컷 8~15mm, 수컷 9~12mm이다. 머리가슴은 길고 머리가 높다. 밝은 노랑 또는 붉은 갈색으로 가운데홈은 잘 보이지 않으나 목홈과 거미줄홈은 뚜렷하다. 눈은 8개의 홑눈이 두 줄로 늘어서는데, 앞뒷눈줄 모두 뒤로 굽는다. 앞줄 가운뎃눈이 가장 작고 뒷줄눈은 같은 크기이며 두 눈줄의 옆눈 사이는 떨어져 있다.

큰턱에는 2개의 뒷두덩니가 있다. 작은턱은 짧고 안쪽 가장자리가 평행하다. 아랫입술은 길고 앞끝이 잘린 모양이다. 가슴판은 심장모양이며 뒤끝이 넷째다리 밑마디 사이로 벋어 있다. 다리는 길고 털이 많은데, 셋째와 넷째다리의 종아리마디와 발끝마디에 센털이 많다.

배는 잿빛을 띠고 특별한 무늬는 없으나 짧은 털이 빽빽이 나 있다. 기문이 밥통홈 가까이에 있

다. 앞거미줄돌기는 원뿔형이며 서로 닿아 있고 뒷거미줄돌기는 원기둥모양으로 가늘고 길다.

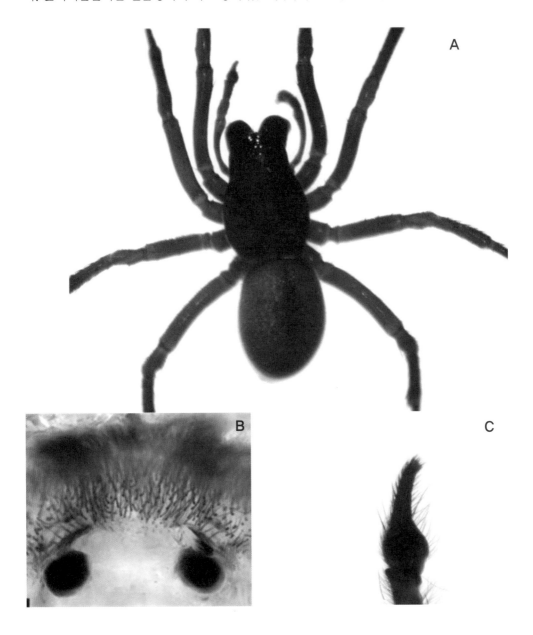

물거미(Argyroneta aquatica)

A: 물거미의 두흉부와 복부, B: 물거미의 외부생식기(♀), C: 물거미의 외부생식기(♂) 해부현미경(DEM-7045T)

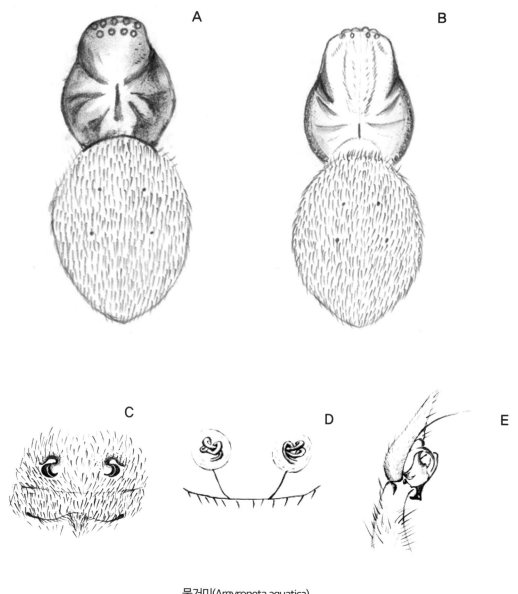

물거미(Argyroneta aquatica)

A: 물거미의 두흉부와 복부(♀) 그림

B: 물거미의 두흉부와 복부(♂) 그림

C: 물거미의 외부생식기(♀) 그림

D: 물거미의 내부생식기(♀) 그림

E: 물거미의 외부생식기(♂) 그림

5. 물거미의 구혼 및 짝짓기에 대한 연구

가. 연구 방법

물거미의 구혼 및 짝짓기는 연구지에서 직접 관찰법으로 실시하여 암컷과 수컷의 구혼 및 짝짓기의 행동 특성을 관찰하고 동영상을 분석하였다.

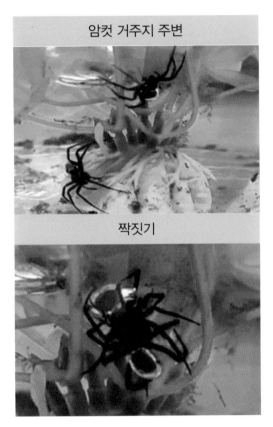
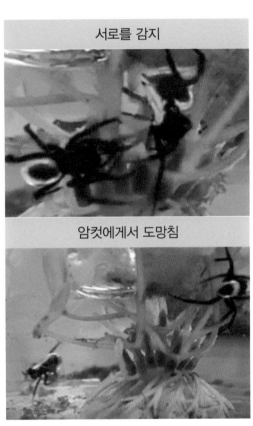

물거미 짝짓기 과정

나. 연구 결과

짝짓기를 위해 수컷들은 암컷을 찾아 돌아다니는데 짝짓기 하는 시간은 총 약 20초 정도이다.

암컷을 발견한 수컷은 암컷 거주지 주변에서 암컷을 찾고 첫 번째 다리로 암컷의 다리를 두드려 자신이 온 것을 암컷에게 알린다. 암컷은 화답으로 조금씩 멈췄다 다가가 수컷의 다리를 두드린다. 짝짓기는 보통 거미와는 다르게 물속에서 진행된다. 이런 이유 때문에 암컷과 수컷의 방향은 위 아래가 바뀌어 거꾸로 마주보는 형태로 짝짓기를 진행한다. 하지만 물 밖에서는 다른거미와 마찬가지로 서로 마주보면서 짝짓기를 진행한다. 물속에서의 거꾸로 마주보는 형태의 짝짓기활동은 물속이라는 장소와 관련이 있어 보이지만 이유와 원인은 아직 보고된 바 없다.

물 밖에서 짝짓기를 하고 있는 모습

물 속에서 짝짓기를 하는 모습

6. 물거미의 새끼

이번조사에서 물거미의 짝짓기를 성공하여 물거미를 산란을 받게 되었다.

짝짓기는 2017년 8월25일에 실시했고 예정일인 2017년 9월18일보다 3일 앞선 2017년 9월15일에 부화하였다. 9월15일에는 52마리가 부화했고 9월16일에는 34마리 9월17일에는 13마리 그리고 마지막으로 9월18일에 6마리로 총 105마리가 부화하였다.

2014년 충북대학교에서 물거미의 인공증식 사례가 있어서 찾아본 결과, 평균 52마리, 최대 70마리를 부화하였다. 이번 산란에서 나온 물거미의 새끼의 수는 105마리로 과거에 비해 확실히 증

가하였지만 아직은 더욱 조사를 해봐야한다.

수조구분	수조 번호	알집 수	평균 포란 기간	평균 부화 수
작은 유리 수조	A1	1개	16일	27마리
	A2	1개		
	A3	1개		
큰 유리 수조	A5	7개	19일	52마리

2014년도 물거미 인공증식 프로젝트 결과

7. 물거미의 서식과 생태에 관한 연구

가. 수중생활을 하는 물거미에 대한 연구

1) 거주지 구조와 장소 선정

식물체의 구성, 토양, 위치 및 크기 측정: 육안, 30cm 자로 측정한다.

깊이:자를 이용해서 수중 깊이를 확인한다.

거주지의 위치 선정 및 식생 관계: 육안으로 관찰한다.

은신처, 먹이 사냥, 적으로부터 자기 보호 등을 연구한다.

2) 공기 주머니 형성 과정의 4단계

가) 공기 주머니를 만들 때, 수초를 지주로 해서 만든다. 수초 사이에 엉성하게 거미줄을 치고, 방적돌기 4개가 벌어졌다 오므라졌다 하면서 조밀하게 한다.

나) 몸에서 나오는 액을 이용하여 다리를 비비고, 몸에 발라서 가슴부분에서 복부와 등에 공기막을 형성한다(혹은 보강한다).

다) 물거미는 수면으로 올라와 앞다리로 수면 높이를 확인한 후, 꽁무늬로 공기를 빨아들였다가 물속으로 들어가면서 공기를 내품으면서 풍선껌이 커지듯이 공기막을 크게 한다.

　다리 모양은 제 4다리는 털이 많고 배의 꽁무니 부분에서 교차시킨다. 이 교차된 다리 부분은 공기 중에 나와 있다. 이 자세로 물속에 들어가면서 배 뒤쪽에 공기가 붙게 된다.

라) 공기주머니 안으로 들어가서, 방적샘에서 나오는 거미줄을 안쪽에 붙여 견고하게 만든다.

이와 같이 공기를 달고 운반하면 보통 15분~1시간 30분 동안 운반하면, 직경 1cm, 깊이 2cm정도의 종모양이 완성된다.

물거미는 때때로 오래된 공기를 버리고 새 공기를 채운다.

물거미가 공기주머니로 나와서 수초사이를 이동할 때 거미줄을 끌고 나온다.

많은 거미줄이 공기주머니로 연결되어 먹이를 포획하는데 도움이 되기도 한다.

3) 거주지 세부 구조와 그 기능

　물거미의 공기주머니 집은 옆새우, 장구벌레 등의 먹이를 먹는 장소, 탈피하는 장소, 잠 또는 휴식의 장소로 이용된다.

또한 물거미 암수의 짝짓기의 장소, 알을 낳아 새끼로 부화하는 안전한 장소로 이용된다.

또한 물속에서 호흡을 위한 산소를 공급해주는 공기탱크 역할을 하기도 한다.

　포획한 것은 반드시 공기주머니 안에서 먹고, 공기주머니가 없을 때는 바로 공기주머니를 만들어 그 안에서 먹는다. 극단적으로는 밖으로 나와 수면의 수초 위에서 먹기도 한다.

　탈피 또한 공기주머니 안에서 일어난다. 탈피 껍데기는 공기주머니의 천장에 붙여 놓았다가 1주일 정도 뒤에 밖에 버린다.

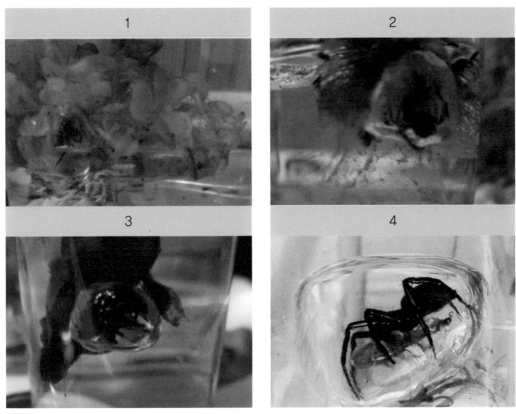

물거미 공기 주머니 형성

4) 물거미의 탈피 및 성장에 대한 연구

암수는 마지막 탈피를 한다. 마지막 탈피를 하면 수컷은 더듬이 다리 끝에 교접기관이 생성되고, 거주지를 벗어나 배회하다가 새로운 집을 건설한다. 이는 그후에 암컷과 교배를 하기위한 준비단계이다. 이 때 암컷은 마지막 탈피를 하면 복부 아래쪽에 외부 생식기가 발현되고, 짝짓기와 산실, 새끼들의 거주를 고려해서 거주지를 보완 보수를 반복하면서 크게 확장한다.

5) 물거미의 생존을 위협하는 요인에 대한 연구

연구지에서 물거미가 더 이상 발견되지 않게 되는 자연적인 요인과 인위적인 요인을 찾아낸다.

인공적인 요인으로는 어떤 특정지역에서만 집단생활을 하는 물거미의 중요성에 대한 인식 부족으로 인한 쓰레기 투기와 서식지 바로 옆 공사장 그리고 서식지의 물을 농업용수로 사용하는 것 등의 인간들의 무차별한 환경 파괴 등에 의해, 생물학적 요인으로는 게아재비, 물자라, 검정방개, 물방개 등의 천적에 잡혀 먹히게 되어, 기상학적 요인으로는 가뭄으로 인한 물 부족, 장마철 급격한 빗물과 함께 운반되어 온 모래에 의해 묻히거나 침수, 기온 변화에 따른 노출 및 동사에 의해서 줄어드는 것으로 사료된다.

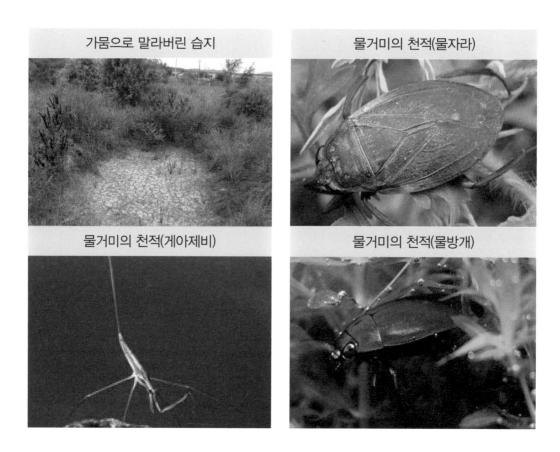

가뭄으로 말라버린 습지

물거미의 천적(물자라)

물거미의 천적(게아제비)

물거미의 천적(물방개)

8. 은대리 물거미 서식지 조사 연구

가. 물거미 서식지의 식생조사

은대리 물거미 서식지에는 마디풀, 실새삼, 쇠뜨기말 등이 군락을 이루고 있으나, 수년간 보존 관리가 잘 이루어지고 있지 않아서 물거미들이 서식하는데 좋지 않은 환경으로 변해가고 있었다. 또한 주변에 쓰레기가 많고 채집 당시 가뭄때문인지 아니면 지속적으로 그래 왔는지 습지의 물을 농업용수로 사용하고 있었다.

마디풀

실새삼

사초과 식물

통발

가래

쇠뜨기말

벗물

갈대

소나무

개구리밥

아카시아 나무

부들

나. 물거미 서식지의 다른 거미들

산왕거미

무당거미

들풀거미

긴호랑거미

먹닷거미

아기늪서성거미

황닷거미

가는줄닷거미

양산적늑대거미

기생왕거미

별늑대거미

닻표늪서성거미

왕깡충거미

황금새우게거미

검은날개무늬깡충거미

황갈애접시거미

말꼬마거미

중국창게거미

다. 물거미의 월동

물거미의 월동은 수중에서 진행되는 것이 아니라 수중 밖 물가 근처에서 진행된다. 그 이유는 물속에서 월동을 시작하면 물이 전부 얼기 때문에 물거미가 이동을 할 수 없게 된다. 그이유로 12월 초부터 서식지가 얼어 있는 다음 해 2월까지는 동면을 하다가 얼음이 녹는 3월 초부터 활동이 시작하게 된다.

그 동안 물거미에 관한 몇몇 국내·외 문헌들에는 월동에 관한 자료가 없거나, 땅속이나 물속, 진흙 속에 만들어놓은 공기방에서 겨울을 나는 것으로 기록하고 있으며, 실험실 내 사육환경조건에서의 생태만 일부 알려졌을 뿐이었다. 이러한 연구결과는 물거미의 월동생태에 관한 새로운 학설이 사실화되는 매우 중요한 발견으로 문화재연구소 천연기념물센터가 2009년부터 수행하고 있는 '천연기념물 제412호 연천 은대리 물거미 서식지'의 보존을 위한 모니터링을 시행하면서 베일을 벗게 됐다.

물거미는 월동을 하는 동안 거미줄을 이용하여 보온효과를 늘리고 있다.

월동중인 물거미 성체

월동중인 물거미 유체

라. 물거미 서식지의 중금속 검사

분석 장비는 호주 BGC사의 AA Spectrometer를 사용하였고(AAS법 이라고도 함), 중금속의 종류는 니켈(Ni), 카드뮴(Cd), 납(Pb), 크로뮴(Cr)에 대하여 분석하였으며 각 성분에 대하여 3회 씩, 6곳의 샘플을 채취하여 총 72회의 분석을 하였다.

각 분석에서 결과 값이 마이너스(–)로 나왔으나 정확도를 정도 관리 차트에서는 이상이 없이 나타났다. 이에 대하여 분석 전문가에게 자문을 구한 결과 측정치를 0에 가까운 값으로 잡을 수 있다고 하여 측정값을 그대로 표시하였다.

1) 니켈(Ni) 성분 검출 분석검사

니켈(Ni) 성분은 모든 시료에서 검출 되지 않았다.

니켈(Ni)표준용액의 1ppm, 3ppm, 5ppm의 정확도는 0.996434%이다.

표 III-1. 니켈성분 검출 분석 결과

Ni 성분 분석 [20배 희석]	이전 물거미 발견장소 [mg/L]	이전 물거미 미발견장소 [mg/L]	이전 연천 은대리 논물 [mg/L]	최근 물거미 발견장소 [mg/L]	최근 물거미 미발견장소 [mg/L]	최근 연천 은대리 논물 [mg/L]
제 1검사	0.859	−0.909	−2.048	−0.206	−1.061	−2.208
제 2검사	−0.337	−1.222	−1.582	−1.260	−1.222	−2.047
제 3검사	−1.610	−1.451	−1.631	−1.173	−0.589	−2.608
평균값	−0.935	−1.194	−1.754	−0.880	−0.957	−2.288

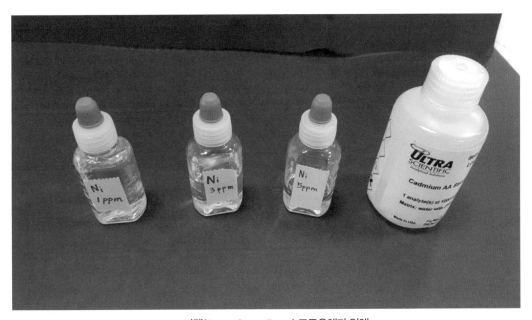

니켈(1ppm, 3ppm 5ppm) 표준용액과 원액

2) 카드뮴(Cd) 성분 검출 분석검사

카드뮴(Cd) 성분은 모든 시료에서 검출 되지 않았다.

카드뮴(Cd)표준용액의 1ppm, 3ppm, 5ppm의 정확도는 0.969964%이다.

표 III-2. 카드뮴성분 검출 분석 결과

Cd 성분 분석 [20배 희석]	이전 물거미 발견장소 [mg/L]	이전 물거미 미 발견장소 [mg/L]	이전 연천 은대리 논물 [mg/L]	최근 물거미 발견장소 [mg/L]	최근 물거미 미 발견장소 [mg/L]	최근 연천 은대리 논물 [mg/L]
제 1검사	−0.393	−0.657	−0.763	−0.684	−0.840	−1.019
제 2검사	−0.492	−0.715	−0.726	−0.669	−0.773	−0.988
제 3검사	−0.653	−0.686	−0.859	−0.612	−0.769	−1.091
평균값	−0.513	−0.686	−0.782	−0.655	−0.794	−1.033

카드뮴(1ppm, 3ppm 5ppm) 표준용액과 원액

3) 납(Pb) 성분 검출 분석검사

납(Pb) 성분은 모든 시료에서 검출 되지 않았다.

납(Pb)표준용액의 1ppm, 3ppm, 5ppm의 정확도는 0.999716%이다.

표 III-3. 납성분 검출 분석 결과

Pb 성분 재분석 [20배 희석] (2017.08.04)	이전 물거미 발견장소 [mg/L]	이전 물거미 미 발견장소 [mg/L]	이전 연천 은대리 논물 [mg/L]	최근 물거미 발견장소 [mg/L]	최근 물거미 미 발견장소 [mg/L]	최근 연천 은대리 논물 [mg/L]
제 1검사	−4,592	−5,345	−6,546	−10,34	−12,02	−11,50
제 2검사	−5,561	−6,380	−7,309	−9,791	−12,06	−11,74
제 3검사	−5,524	−6,541	−7,830	−9,827	−10,98	−10,90
평균값	−5,256	−6,089	−7,228	−9,987	−11,69	−11,38

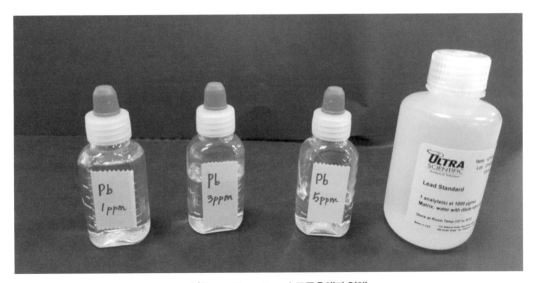

납(1ppm, 3ppm 5ppm) 표준용액과 원액

4) 크로뮴(Cr) 성분 검출 분석검사

크로뮴(Cr) 성분은 모든 시료에서 검출 되지 않았다.

크로뮴(Cr)표준용액의 1ppm, 3ppm, 5ppm의 정확도는 0.970590%이다.

표 III-2. 카드뮴성분 검출 분석 결과

Cr 성분 분석 [희석하지 않음]	이전 물거미 발견장소 [mg/L]	이전 물거미 미발견장소 [mg/L]	이전 연천 은대리 논물 [mg/L]	최근 물거미 발견장소 [mg/L]	최근 물거미 미발견장소 [mg/L]	최근 연천 은대리 논물 [mg/L]
제 1검사	0.112	−0.192	−0.343	−0.650	−0.768	−0.978
제 2검사	−0.052	−0.246	−0.396	−0.724	−0.876	−0.948
제 3검사	−0.060	−0.358	−0.240	−0.742	−0.881	−1.034
평균값	0.000	−0.265	−0.326	−0.705	−0.841	−0.987

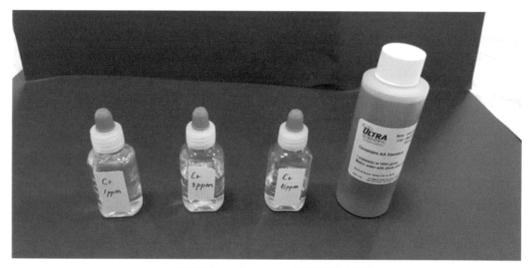

크로뮴(1ppm, 3ppm 5ppm) 표준용액과 원액

AAS분석 1,2

Ⅳ. 결론

 ## 1. 물거미의 외형적 특징

몸길이는 암컷 8~15mm, 수컷 9~12mm이며 복부에는 무늬가 없다.

복부에는 일정한 길이의 짧은 털들이 빽빽하게 나 있으며 다리는 길고 털들이 많은데 공기방울을 붙여서 나르는 셋째와 넷째다리의 종아리마디와 발끝마디에는 센털들이 나 있다. 물거미는 복부와 다리의 털들을 이용하여 수중에서 공기방울을 쉽게 만들 수 있는 외형적 특징을 가지고 있다.

물거미의 두흉부와 복부

물거미의 가슴판과 배면

2. 물거미의 구혼 및 짝짓기

　물거미의 짝짓기는 다른 거미와는 다르게 진행된다. 일반적으로 거미들은 물 밖에서 짝짓기를 하며 대부분 마주보는 형태로 진행된다. 하지만 물거미는 물속 암컷의 공기주머니집 근처에서 짝짓기가 진행되며 위 아래가 바뀌어 거꾸로 마주보는 특이한 형태로 이루어진다. 이러한 물거미의 짝짓기 행동도 물 속이라는 환경에서 비롯된 듯 여겨진다. 그러나 이에 관련된 행동연구는 보고된 바 없다. 물거미의 짝짓기 시간은 일반적으로 약 20~30초 정도로 사료된다.

구혼

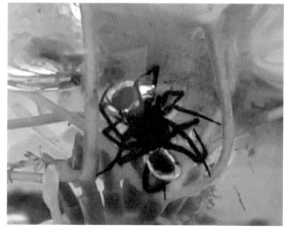

짝짓기

3. 물거미의 서식과 생태

가. 거주지의 구조와 세부기능

공기주머니는 호흡(산소 탱크), 섭식, 탈피, 잠, 휴식, 산란 및 부화, 짝짓는 장소로 물 속 생활에 아주 필요한 장소이다.

공기주머니 집은 물거미의 몸을 보호하고 쉬는 안식처가 된다.

거주지의 구조는 보통 수면에서 10~30cm의 깊이에서 수초에 거미줄을 엮어서 공기방울이 빠져나가지 못하게 하여 돔형모양의 공기주머니를 만든다. 하지만 가끔 물살이 있거나 공기주머니를 만들 수 없는 상황이면 수초에서 생활하기도 한다.

공기주머니의 공기는 시간이 지나면 공기가 점점 줄어들게 되는데 일정수준 이하로 줄어들면 물 밖에서 공기방울을 공급하게 된다.

나. 생존을 위협하는 요인

물거미의 생존을 위협하는 요인으로는 가뭄으로 인한 물 부족, 장마철 급격한 빗물과 함께 운반되어 온 모래에 의해 묻히거나, 서식처 파악 및 생물자원의 중요성에 대한 인식 부족으로 인한 서식처 파괴가 주요인이 되고 있다.

1992년과 2017년의 연천 은대리 물거미 서식지 수위 차이

다. 서식지의 중금속 검사

중금속의 종류는 니켈(Ni), 카드뮴(Cd), 납(Pb), 크로뮴(Cr)에 대하여 분석하였으며 각 성분에 대하여 3회 씩, 6 곳의 샘플을 채취하여 총 72회의 분석을 한 결과 분석 시료 24개에서 모두 중금속은 검출되지 않아 은대리의 물거미 서식지는 아직 중금속에 오염되지 않은 것으로 판단되었다

4. 본 연구에서 새롭게 밝혀진 물거미의 특징

표.Ⅳ-1 밝혀진 물거미의 특징

연구과제			내용
Ⅰ	외형적 특징		○한국산 물거미의 정확한 치수
Ⅱ	구혼 및 짝짓기		○짝짓기 시간 ○짝짓기 행동 ○짝짓기 후 암컷과 수컷의 행동
Ⅲ	거 주 와 생 태	거주지	○거주지의 형태학적 분류 ○식물체 이용 특성 ○거주지의 세부 구조와 기능 ○거미줄과 기능 ○암컷 거주지
		탈피와 성장	○탈피 위치와 행동 ○암수의 탈피각의 처리 차이 ○암수의 연령 ○암컷이 거주지 밖으로 나올 때 ○물거미의 하루 생활
		자기보호	○거미줄에 공기주머니의 기능 ○거미줄 감지
		사라지는 이유	○가뭄으로 인한 물거미의 이동과 자연 재해 ○무분별한 개발로 인한 환경 파괴

5. 연구의 제한

가. 연구의 범위 및 제한

이 연구를 수행하는 과정에서 나타난 연구의 제한점으로는 물거미의 서식하는 지역이 우리나라에 단 한 곳이고 채집지역도 매우 드물어 물거미를 채집하기가 매우 어려웠다는 점과 또한 물거미가 우리나라에는 1종 밖에 서식하고 있지 아니하여 다른 종과 비교할 수가 없는 점도 연구의 범위를 매우 제한시킨 점이었다.

표 IV-2. 물거미 분류표

Family Dictynidae O. Pickard-Cambridge, 1871 잎거미과

Genus *Argyroneta* Latreille, 1804 물거미속

Argyroneta aquatica (Clerck, 1757) 물거미

Genus *Dictyna* Sundevall, 1833 잎거미속

Dictyna arundinacea Linnaeus, 1758) 갈대잎거미

Dictyna felis Bösenberg & Strand, 1906 잎거미

Dictyna foliicola Bösenberg & Strand, 1906 아기잎거미

Genus *Lathys* Simon, 1884 마른잎거미속

Lathys dihamata Paik, 1979 쌍갈퀴마른잎거미

Lathys maculosa (Karsch, 1879) 마른잎거미

Lathys sexoculata Seo & Sohn, 1984 육눈이마른잎거미

Lathys stigmatisata (Menge, 1869) 공산마른잎거미

Genus *Sudesna* Lehtinen, 1967 흰잎거미속

Sudesna hedini (Schenkel, 1936) 흰잎거미

V. 제언

　본 연구에서 AAS를 이용한 물거미 서식지인 경기도 연천군 전곡읍 은대리 물거미보호구역의 수질검사를 시행한 결과 중금속(니켈, 카드뮴, 납, 크로뮴)에 오염되었다는 지표는 나타나지 않았고 다슬기 서식도 확인된 것으로 미루어 물은 아직 오염되지도 않은 것으로 나타났다. 그러나 서식지 주변에 논과 밭 등 농경지가 있었던 관계로 농약성분 검출 유무를 확인하지 못한 점이 아쉽다. 추후 기회가 되면 실시해 보는 것이 타당하다고 사료된다.

　이번 연구를 시행하면서 중요하게 판단되었던 점은 경기도 연천군 전곡읍 은대리의 물거미서식지는 반드시 보호되어야 한다고 판단하였다. 서식지 보호를 위하여서는 무분별한 개발행위의 제한 및 주변에 산업시설의 인허가 금지, 그리고 습지의 물을 농업용수로 사용하고 있는 것을 중지하여 습지를 유지·보존시켜야 하며, 그와 동시에 습지가 농약에 오염되지 않도록 농수로와 습지의 물 유입로를 철저히 분리시켜야 한다는 것이었다. 한편으로는 가뭄 등 기후변화에 대비한 서식지 보호계획 수립이 요구된다고 사료된다.

　부디 이번 연구가 우리나라에 단 한 곳에서만 서식하는 물거미 연구를 위한 기초가 되기를 바라는 바이다.

VI. 참고문헌

김주필, 유정선, 김병우 (2002) 원색 한국거미도감 (아카데미)

김주필 (1996) "예봉산의 거미상", 한국토양동물학회지.1(2)

김주필, 정종우 (1998) 서울 남산의 지표층의 거미상, Korean Arachnology, 14(2):14-30

김주필, 김만용 한국산주홍거미(Avaneae : Eresidae)의 연구

김주필 (1999) 월동기 경기지역 논거미의 군집생태에 관한 연구, Korean Arachnol. 15(2):31~39

김주필 (1999) 경기 양평지역의 거미군집 구조에 관한 연구 – 유기농법지 중심으로 –Korean Arachnol. 15(2) : 101~114

이영보, 김주필 (1999) 경기도 여주지역 거미군집 구조에 관한 연구Ⅱ–벼포기 예취법을 중심으로– Korean Arachnol. 15(2) : 27~31

김주필, 채준호, 김남윤, 이응재, 성민규, 이정준, 김동훈, 이주용, 박성은 (2013) "계방산 (강원도 평창군)의 거미상[2]", Korean Arachnol, 29(1) : 93~104

Kayashima, Izumi, Joo Pil Kim, Joon Namkung 한국에서의 물거미(water spider)의 조사보고 Korean Arachnology, 5(2):219~221(1990)

Izumi Kayashima (1991) 물거미 Argyroneta aquatica (CLERCK)의 조소과정 관찰7(1):73~86

남궁준, 김성태, 임현영 (1995)한국산 물거미(Argyroneta aquatica (CLERCK))의 기재, Korean

Arachnology, 12(1):111~117

김주필, 임동현한국산 물거미(Argyroneta aquatica (Clerck, 1757))의 생태학적 고찰 Korean
  Arachnology, 27(1): 43~48

김주필, 이동좌 물거미에 관한 생태학적 연구, Korean Arachnology, 20(2):117~130

김주필, 김성덕 韓國産 물거미 Argyroneta aquatica (CLERCK, 1758)의 造巢過程의 生態學的 研
  究 12(2):83~91